Anne Westphal

# Innovative Lernaufgaben in der Geographie

GRIN Verlag

**Bibliografische Information der Deutschen Nationalbibliothek:**

Die Deutsche Bibliothek verzeichnet diese Publikation in der Deutschen National-
bibliografie; detaillierte bibliografische Daten sind im Internet über http://dnb.d-
nb.de/ abrufbar.



**Impressum:**

Copyright © 2014 GRIN Verlag GmbH
Druck und Bindung: Books on Demand GmbH, Norderstedt Germany
ISBN: 978-3-656-73473-4

**Dieses Buch bei GRIN:**

http://www.grin.com/de/e-book/279873/innovative-lernaufgaben-in-der-geographie

# Innovative Lernaufgaben


Anne Westphal

Universität zu Köln - 2014


## Inhalt

# 1. Paradigmenwechsel in der Geographie hin zur Kompetenzorientierung

## 1.1. Überblick über die bildungspolitischen Entwicklungen seit 2001

Das schlechte Abschneiden der deutschen Schülerinnen und Schüler bei der Pisa-Studie im Jahr 2000 und bei weiteren internationalen Schulleistungsstudien führte zu einer breit angelegten und öffentlich geführten Diskussion über die Bildungsmisere in Deutschland. Es wurden bildungspolitische Konsequenzen und Reformen des Bildungssystems gefordert, hatten die schlechten Ergebnisse doch aufgezeigt, dass die Fähigkeit zur Anwendung erworbenen Wissens vielen Schülerinnen und Schülern fehlte.

Vor dem Hintergrund, dass bei der Forschung nach der Ursache für das schlechte Abschneiden des deutschen Bildungssystems aufgefallen war, dass Länder, in denen es verbindliche Bildungsstandards gab, besonders gute Ergebnisse erzielt hatten, entschied die Kultusministerkonferenz im Dezember 2003 schließlich, nationale Bildungsstandards für den Mittleren Schulabschluss in den Fächern Deutsch, Mathematik, Biologie, Physik, Chemie und der ersten Fremdsprache zu entwickeln und verbindlich einzuführen. Die Länder verpflichteten sich, die Standards zu berücksichtigen und das Erreichen der Anforderungen regelmäßig in zentralen und dezentralen Prüfungen zu kontrollieren.

Statt Lehrplänen und/oder Rahmenrichtlinien sollten nunmehr die Resultate von Bildungsprozessen, die Lernergebnisse von Schülerinnen und Schülern, deren „Kompetenzen, Qualifikationen, Wissensstrukturen, Einstellungen, Überzeugungen, Werthaltungen" im Vordergrund stehen. Es wurde die Wende von einer „Input-" zu einer „Output-Orientierung" postuliert. Statt abrufbarem Schülerwissen, dessen Erwerb bisher in Lehrplänen vorgeschrieben war, sollte in den Folgejahren eine kompetente Anwendung des Wissens zur eigenständigen Lösung von Problemen sowie für das kritische Urteilen und das eigenverantwortliche Handeln angestrebt werden.

Für das Fach Geographie wurde aufgrund einer Initiative des der Hochschulverbandes für Geographie sowie der Arbeit eines Arbeitskreises Bildungsstandards für den Mittleren Schulabschluss erarbeitet. Die Bildungsstandards des Fachs Geographie wurden Ende 2005 von der Deutschen Gesellschaft für Geographie (DGfG) als Konsenspapier verabschiedet. Diese Kompetenzorientierung des Faches soll seine gleichwertige Stellung im Fächerkanon von Schule und Hochschule unter aktuellen bildungspolitischen Bedingungen sichern. Betont werden in den Bildungsstandards die Alleinstellungsmerkmale des Faches Geographie wie die

Brückenfunktion zwischen natur- und gesellschaftswissenschaftlicher Bildung und die räumliche Orientierungskompetenz.

<u>Kritik</u>

Nicht wenige Lehrpersonen stehen der Kompetenzorientierung kritisch gegenüber. Im alltäglichen Unterricht erleben sie, dass ihre persönliche pädagogische und fachliche Erfahrung den Lernprozess trägt und das Lernen und Bildung vor allem ein dialogisches Geschehen ist, dass zwischen SuS und Lehrern stattfindet. Diese persönliche Einlassung auf und die Verantwortung für den Anderen, das Fach und den Bildungsprozess, der in der individuellen Erfahrung des einzelnen Lehrers und den Dispositionen und Handlungen des Lernenden gründet, wird in der Kompetenzorientierung nicht berücksichtigt.

## 1.2. Kompetenzbereiche des Faches Geographie

| Kompetenzbereich | zentrale Kompetenzen |
|---|---|
| Fachwissen (F) <br> NRW: Sachkompetenz | Fähigkeit, Räume auf den verschiedenen Maßstabsebenen als natur- und humangeographische Systeme zu erfassen und Wechselbeziehungen zwischen Mensch und Umwelt analysieren zu können. <br> Bsp.: F1: Fähigkeit, die Erde als Planeten zu beschreiben. |
| Räumliche Orientierung (O) | Fähigkeit, sich in Räumen orientieren zu können (topographisches Orientierungswissen, Kartenkompetenz, Orientierung in Realräumen und die Reflexion von Raumwahrnehmungen). <br> Bsp.: O1: Kenntnis grundlegender topographischer Wissensbestände. |
| Erkenntnisgewinnung / Methoden (M) <br><br> NRW: Methodenkompetenz | Fähigkeit, geographisch/geowissenschaftlich relevante Informationen im Realraum sowie aus Medien gewinnen und auswerten sowie Schritte zur Erkenntnisgewinnung in der Geographie beschreiben zu können. <br> Bsp.: M1: Kenntnis von geographisch relevanten Informationsquellen, -formen und -strategien |
| Kommunikation (K) | Fähigkeit, geographische Sachverhalte zu verstehen, zu versprachlichen und präsentieren zu können sowie sich im Gespräch mit anderen darüber sachgerecht austauschen zu |

| | können. |
| --- | --- |
| | Bsp.: K1: Fähigkeit, geographisch relevante Mitteilungen zu verstehen und sachgerecht auszudrücken |
| Beurteilung /Bewertung (B) NRW: Urteilskompetenz | Fähigkeit, raumbezogene Sachverhalte und Probleme, Informationen in Medien und geographische Erkenntnisse Kriterien-orientiert sowie vor dem Hintergrund bestehender Werte in Ansätzen beurteilen zu können. Bsp.: B1: Fähigkeit, ausgewählte Situationen/Sachverhalte im Raum unter Anwendung geographischer Kenntnisse zu beurteilen. |
| Handlung (H) | Fähigkeit und Bereitschaft, auf verschiedenen Handlungsfeldern natur- und sozialraumgerecht handeln zu können. Bsp.: H1: Kenntnis handlungsrelevanter Informationen und Strategien. |

## 1.3. Der Kompetenzbegriff

Grundsätzlich muss festgehalten werden, dass mit dem Begriff der *Kompetenz* ein breiter wissenschaftlicher Diskurs verknüpft war und ist und eine Vielfalt von Definitionen vorliegt. Nach WEINERT (1999) können Kompetenzen auf die kognitiven Dispositionen bezogen werden. Sie können erstens ganz allgemein als Leistungsvoraussetzungen definiert werden, die ein Lösen von unterschiedlichen Aufgaben ermöglichen. Zweitens können Kompetenzen als kontextabhängige Voraussetzungen interpretiert werden, die sich funktional auf bestimmte Klassen von Situationen und Anforderungen beziehen. Drittens können Kompetenzen im Sinne von die Motivation betreffenden Einstellungen verstanden werden, die das Lösen von anspruchsvollen Aufgaben bedingen. Das Konzept der Handlungskompetenz integriert die ersten drei Ansätze in Bezug zu einem Handlungskontext. In Wissenschaft und Praxis hat man sich heute auf einen von WEINERT (2001) geprägten Kompetenzbegriff weitestgehend geeinigt. Danach versteht man unter Kompetenzen „die bei Individuen verfügbaren oder durch sie erlernbaren kognitiven Fähigkeiten und Fertigkeiten, um bestimmte Probleme zu lösen, sowie die damit verbundenen motivationalen, volitionalen und sozialen Bereitschaften und Fähigkeiten um die Problemlösungen in variablen Situationen erfolgreich und verantwortungsvoll nutzen zu können".

## 1.4. Bildung und Standards – (un)vereinbar?

Auf den ersten Blick erscheinen Bildung und Standardisierung unvereinbar, zum Einen, da Bildung nicht messbar ist und zum Anderen auch Faktoren wie Autonomie, Identität und Persönlichkeitsentfaltung beinhaltet. Es wäre fatal, die die aufgelisteten Kompetenzen mit Bildung gleichzusetzen. Kompetenzorientierung hat sich stets dem humanistischen Bildungsbegriff unterzuordnen, weil umfassende Bildung auf die Menschwerdung des Einzelnen zielt und Selbstbildung ist. Es wäre daher eventuell passender, von Kompetenzstandards zu sprechen. Am Ende der Schulzeit kommen keine irgendwie gleichen Produkte heraus, sondern SuS die gelernt haben. In Bildungsprozessen kommt es nicht darauf an, dass alle gleich herauskommen, sondern dass jeder anders herauskommt, als er hineingegangen ist. Zudem ist Bildung nachträglich und unvorhersehbar. Zu lehren heißt, SuS in ihren unterschiedlichen Leistungsprofilen zu unterstützen und Verschiedenheiten einer Lerngruppe anzuerkennen. In der Kompetenzdebatte wird Heterogenität jedoch als etwas gesehen, dass es zu überwinden gilt, sollen doch alles SuS die gleichen Standards und Ziele erreichen.

## 1.5. Inhalt

Lehren und Lernen findet nie an sich statt, sondern immer in Verbindung mit einem bestimmten Inhalt. In den Bildungsstandards besteht die Forderung, dass das Thema in einen für die SuS lebensbedeutsamen, sinnstiftenden Kontext eingebunden sein soll, die Auswahl der Inhalte ist also keinesfalls beliebig.

Kompetenzen werden nicht gelehrt, sondern müssen in einem aktiv handelnden Umgang mit Inhalten erworben werden. Kompetenzen müssen sich entwickeln und beanspruchen Lernzeit. Ein kompetenzorientierter Unterricht ist daran zu erkennen, dass SuS entlang herausfordernder Aufgaben die Grundkompetenzen des Faches Geographie erwerben können. Dies zeigt sich unter anderem in selbst erstellten Lernprodukten und deren Präsentation und im Sprachhandeln der SuS. Da zur Förderung einzelner Kompetenzen unzählige geographische Problemstellungen und Anwendungsbeispiele denkbar sind, muss eine gezielte Auswahl getroffen werden. Anregungen dazu sind in den Bildungsstandards aufgeführt. Hinter jedem Standard werden konkrete Beispiele genannt und weitere Aufgabenbeispiele sind im Anhang aufgelistet.

Gleichwohl spielen Inhalte in der aktuellen Reformpolitik keine Rolle, inhaltsbezogene Lehrpläne werden durch kompetenzorientierte Curricula ersetzt, die Inhalte sind austauschbar. Um an den Schulen sicherzustellen, dass es gemeinsame und verbindliche Inhalte gibt, werden schulinterne Lehrpläne geschrieben, die einen inhaltlichen Kanon enthalten. Dickel schlägt vor, dass relevante Themen(felder) geographischer Bildung festgelegt werden sollten und zugleich deutlich gemacht werden soll, dass geographische Inhalte nicht vorherbestimmt werden können, aber auch nicht beliebig sind.

## 2. Aufgaben(Kultur)

Aufgaben für den Unterricht zu entwickeln, zu stellen und Schüler-Lösungen zu verarbeiten ist schon vom zeitlichen Umfang her eine Haupttätigkeit von Lehrern. Dabei wird sich um die Aufgabe an sich wenig Gedanken gemacht, sie scheint zur Alltags-Routine zu gehören (Aufgaben rechnen, Abschreibübungen, Satzbauanalyse und Abarbeiten bestimmter Interpretationsschritte). Die Tradition dieser Routine-Aufgaben war zumindest bei SuS und Eltern immer schon umstritten und häufig Gegenstand von Kritik.

### 2.1. Funktion von Aufgaben

Traditionell besteht im Unterricht die Funktion von Aufgaben vor allem darin, Tätigkeiten von SuS zu initiieren, zu steuern sowie Lernergebnisse und Leistungen abzurufen. Je nach Inhalt, Situation oder Adressatengruppe werden dazu von der Lehrkraft Aufträge vergeben oder Impulse gesetzt, damit den SuS klar wird, was getan werden muss. bei einiger Unterrichtserfahrung mit der jeweiligen Lehrkraft können SuS mit der Zeit beständige Aufgabenmuster und die dahinter liegenden Instruktionen und Aufgaben erkennen. Sie können so abschätzen, worauf die Sache hinauslaufen soll und wie sie agieren müssen. Das entspricht jedoch nicht dem Ziel einer selbstständig denkenden und mündigen Schülerpersönlichkeit.

Angesichts der derzeitigen Entwicklung reicht ein solch traditionelles Verständnis von Aufgaben nicht aus, um beispielsweise Bildungsstandards zu erreichen. Aktuell werden weitere, zum Teil neue Funktionen von Aufgaben betont. Die Entwicklung geht von Aufgaben für Lösungen hin zu Aufgaben für Entwicklungsprozesse. Das heißt, es steht nicht mehr die bloße Steuerungsfunktion von Aufgaben im Vordergrund, sondern die Bedeutung der Arbeit im Hinblick auf Entwicklungsprozesse der SuS. Es geht also mehr um die Qualität der Arbeit, die mit der Aufgabe bei den SuS erreicht werden soll.

Dabei kann man grundsätzlich zwischen einem eher ergebnisorientierten und einem eher prozessorientiertem Verständnis von Qualität, bei dem es darum geht, SuS dazu zu befähigen, Lern- und Entwicklungsprozesse selbstständig zu bewältigen, unterscheiden.

Gegenwärtig stehen in der bildungspolitischen Debatte eher Output-orientierte Auffassungen im Vordergrund, während prozess- und entwicklungsbezogene Auffassungen in den Hintergrund geraten.

<u>Gute Aufgaben</u>

Gute Aufgaben vereinen das Ziel von effizienten (Lern-)Ergebnisse und einer angemessenen Prozessqualität des Lernens. Sie initiieren, strukturieren bzw. legitimieren das Handeln der SuS und Lehrkräfte auf Ziele, Inhalte und Arbeitsweisen hin und definieren Erwartungen sowie (normative) Ansprüche an Ergebnisse von Arbeit und Lernprozessen. Gleichzeitig repräsentieren gute Aufgaben auch Inhalte, Ziele, und Arbeitsweisen des Faches.

Die neuen Anforderungen an Aufgaben beinhalten ein neues Verständnis der Schülerrolle – als eigenverantwortlicher Lerner – und auch der Lehrerrolle – als Moderator. Die Aufgaben sollen:

- Lernsettings für selbstständige Arbeit schaffen (gliedern, organisieren und rahmen den Unterricht, schaffen Bezugspunkte für Austausch oder Absprachen, steuern bei Leistungssituationen die Erhebung und vermitteln die Feststellung der Leistung)
- Individualisierung und Binnendifferenzierung ermöglichen
- Lehrkräfte entlasten z.B. für Beobachtung und Begleitung von Lernprozessen
- staatliche Anforderungen an Unterricht und Leistung umsetzen (Standards)
- Grundlagen für Diagnose und Fördermaßnahmen bieten
- Bildungsaufgaben bieten

## 2.2. Neue Ziele von Aufgaben

| prozess- und entwicklungsbezogenes Verständnis | ergebnisorientiertes Verständnis (Output) |
|---|---|
| - den SuS helfen, sich einzuschätzen und weiterentwickeln | - Mindeststandards erreichen |
| | - exzellente Leistungen erreichen |
| - Wissen, Fähigkeiten und Fertigkeiten der | - sicherstellen, dass Vorgaben erfüllt und |

| SuS steigern | Lehrplanziele erreicht werden |
| – dafür sorgen, dass SuS Verantwortung übernehmen | – bei SuS, Eltern und „Abnehmern" für Zufriedenheit sorgen |

## 2.3. Veränderung der Rollen

Im traditionellen Aufgabenverständnis waren SuS nur Adressaten oder Ausführende, in der neuen Aufgabenkultur sollen sie zu Mitwirkenden werden. Denn Aufgaben entfalten sich durch das Handeln der SuS und Lehrkräfte. Eine bedeutende Aufgabe der Lehrkräfte ist es deshalb, SuS für Aufgaben zu öffnen und sie erfahren zu lassen, was Aufgaben zur Entwicklung und Bildung beitragen können. SuS sollen in die Arbeit mit Aufgaben einbezogen werden, sie sollen mit und nicht nur an Aufgaben arbeiten. Dazu gehören auch Aufgaben, die unterschiedliche Lösungswegen zulassen und nicht immer eindeutig oder eindimensional zu lösen sind.

Nach *Leuders* ist es entscheidend, dass den SuS keine Aufgaben mit einer eindeutigen Lösung gestellt werden, sondern dass SuS ermuntert werden, sich (selbst) Aufgaben zu stellen. Im Sinne einer Aufgabendidaktik formuliert er vier Prinzipien für solche Aufgaben:

1. Schülerwissen ernst nehmen
2. das Bedürfnis der SuS nach Balance aktivieren
3. den Wunsch nach Ordnung anregen
4. ihre Funktion transparent machen

## 2.4. Von Ergebnissen zu Kompetenzen

Voraussetzung für eine solche Öffnung des Unterrichts ist die Klarheit der Lehrkraft darüber, welche Kompetenzen SuS mit Hilfe der Aufgabe erlangen sollen und wie die Aufgabe dazu beitragen kann. Dabei sollen nicht nur spezielle sondern unterschiedliche und übertragbare Kompetenzen gefördert werden. Die SuS sollen für das Fach und für die Lebenswelt der SuS bedeutsame Anforderungen erfolgreich bewältigen lernen.

In Hinblick auf Kompetenz(en) sollte eine Aufgabe dazu beitragen:

– Erfahrenes und Gelerntes zu verstehen, zu vernetzen, in vorheriges Wissen und Fähigkeiten einzubetten und für Handeln verfügbar zu machen

– relevantes Wissen systematisch aufzubauen

– Motivation zum Gegenstand, zum Lernen und zum Fach zu fördern oder zu nutzen

– Kommunikation über Gelerntes oder offene Fragen zu ermöglichen

–   sich über sein eigenes Lernen klar zu werden

## 3.  Lernaufgaben

### 3.1. Prinzipien/Struktur von Lernaufgaben

Eine Lernaufgabe ist eine Lernumgebung zur Kompetenzentwicklung. Sie steuert den individuellen Lernprozess durch eine Folge von gestuften Aufgabenstellungen mit entsprechenden Lernmaterialien so, dass die Lernenden möglichst eigentätig die Problemstellung entdecken, Vorstellungen entwickeln und Informationen auswerten. Dabei erstellen und diskutieren sie ein Lernprodukt, definieren und reflektieren den Lernzugewinn und üben sich abschließend im handelnden Umgang mit Wissen.

Lernaufgaben sind nach folgenden Prinzipien konstruiert. Eine Lernaufgabe besteht aus drei Haupt-Teilen:

| | |
|---|---|
| 1.  Situationsbeschreibung und Problemfrage | *und zusätzlich*<br>4.  Lösungshilfen |
| 2.  Materialteil | 5.  Reflexionsmöglichkeiten |
| 3.  Aufgabenteil | |

Dabei soll die Einleitung Interesse und Aufmerksamkeit wecken, vorhandenes Wissen/vorhandene Denkstrukturen nutzen und eine Fragehaltung initiieren. Die Fragestellung sollte eine authentische und/oder auf die Lebenssituation der Schülerinnen/Schüler bezogene Situation darstellen. Ein Beispiel wäre folgende Situationsbeschreibung: „Zu Weihnachten gibt es Ferien. Dies ist nicht nur bei uns der Fall, sondern auch in Australien. Wir freuen uns auf die Feiertage und hoffen auf eine winterliche weiße Weihnacht. Schülerinnen und Schüler in Sydney (Australien) dagegen packen ihre Badesachen ein und freuen sich auf sommerliche Feiertage am Strand. Wie kommt es zu diesen Unterschieden?"

Der Materialteil soll vorhandene Kenntnisse und Fähigkeiten nutzen (Gefühl der Sicherheit, Anwendung erworbener Kompetenzen), einen individueller Zugang und eine gezielte Förderung ermöglichen. Die Wahl des Materials beinhaltet zudem die Möglichkeit der Binnendifferenzierung (vielfältiges Angebot zum Auswählen oder gezieltes Angebot zur Förderung) und der Schwerpunktsetzung.

Der Aufgabenteil sollte Teilaufgaben durch gestufte Aufgabenstellung zur Beantwortung der Problemfrage hinführen. Dies kann mit Hilfe unterschiedlicher Antwortformate, Perspektivwechsel-Aufgaben, oder auch kreativer Antwortformate geschehen. Dadurch werden Denkprozesse sowie die Selbstständigkeit und Eigenverantwortung auf Seiten der SuS gefördert. Zudem ermöglichen die Aufgaben die Erledigung in einem individuellen Lerntempo oder in Kooperation mit anderen SuS.

Lösungshilfen können in Form von Hilfekärtchen, Sprachhilfen (Formulierungshilfen), Checklisten für die Arbeit mit geographischen Arbeitsmaterialien, vorbereiteten Arbeitsblätter mit Hilfen (Kartenskizze, Kausalschema mit leeren Kästen oder teilweise ausgefüllten Kästen) bereit gestellt werden. Diese können sich die SuS bei Bedarf ansehen.

Durch eine anschließende Reflexion des Lernprozesses wird die Eigenverantwortung gefördert. Selbstreflexion und Strategiewissen fördern das nachhaltige Lernen und der Austausch mit Lernpartnern fördert dialogisch kooperatives Lernen. Eine solche Selbstreflexion kann mithilfe von Vorher-nachher-Abfrage, Kompetenzprofil („Ich-kann-Liste") oder Lernportfolio (z.B. auch Ampelsystem) geschehen.

Beispiel Vorher-Nachher-Abfrage:

Vorher:

- Notiere, welche Maßnahmen zum Schutz der Küste du vorschlagen würdest.
- Warst du schon einmal an der deutschen Nordseeküste? Berichte darüber, was du beobachtet hast, wie sich die Menschen vor Sturmfluten schützen.

Nachher:

- Vergleiche die Maßnahmen zum Schutz der Küste, die du aus der Karte herausgearbeitet hast, mit den Maßnahmen, die du vorgeschlagen hast. …
- Notiere, wie sicher du dich bei der Auswertung der Karte gefühlt hast. Konntest du alle wichtigen Informationen erkennen?
- Was nimmst du dir für die nächste Arbeit mit Karten vor?

Was leisten Lernaufgaben für die Kompetenzentwicklung?

Jeder Lerner bringt bereits Kompetenzen mit in den Unterricht. Ziel von Unterricht ist es, die bereits bestehenden Kompetenzen auf ein höheres Niveau hin zu entwickeln. Eine hohe naturwissenschaftliche Kompetenz drückt sich durch ein besonders hohes Maß an transferfähigem und vielfältigem Wissen und durch zielgerichtetes und systematisches Handeln aus. Kompetenz wird definiert als der handelnde Umgang mit Wissen. Der Kompetenzstand eines Lerners ist folglich sowohl durch Wissen als auch durch Handeln definiert.

<u>Was unterscheidet Lern- von Leistungsaufgaben?</u>

Der Unterricht in deutschen Regelschulen ist mehr auf Leistungs- und weniger auf Lernsituationen ausgerichtet. Und es wird zu wenig zwischen diesen unterschieden. dies wirkt sich jedoch nachteilig auf den Lernprozess aus, da die unterschiedlichen Situationen verschiedenen psychologischen Gesetzmäßigkeiten unterliegen:

- Lernaufgaben initiieren Lernprozesse, fördern Kompetenzen, sind bewertungsfrei
- Lernsituationen fördern die intrinsische Motivation, neues zu lernen und zu verstehen und somit ein nachhaltiges Verständnis
- Leistungsaufgaben stellen Kompetenzen fest mit dem Ziel der Leistungsbeurteilung
- Leistungssituationen fördern die extrinsische Motivation kurzfristige Erfolge (gute Noten) zu erzielen und Misserfolge zu vermeiden

<u>Merkmale guter Lernaufgaben</u>

- sie sind eingebettet in eine Atmosphäre des Lernens, nicht des Prüfens
- orientieren sich an den Bildungsstandards und ihren Anforderungsbereichen
- sind möglichst in einen Kontext eingebettet
- knüpfen an das Vorwissen der SuS an
- behandeln Problemstellungen, die die SuS mittels Arbeitsauftrag selbstständig bearbeiten
- unterstützen die eigenständige Bearbeitung differenzierend durch abgestufte Lernhilfen
- führen zu einem auswertbaren Lernprodukt
- fördern das Könnensbewusstsein und zeigen den Lernzuwachs
- verankern das neu Gelernte im Wissensnetz und de-kontextualisieren das Gelernte
- wenden das neu Gelernte auf andere Beispiele an
- fördern integrativ unterschiedliche Kompetenzen
- unterstützen den individuellen Lernprozess

<u>Grenzen von Lernaufgaben</u>

Nicht alle Themen und Lerngegenstände eignen sich für Lernaufgaben. Auch kann es schwierig sein, das Lernniveau für alle SuS geeignet einzustellen.

- enger Zeitrahmen in der Schule, die Bearbeitung einer Lernaufgabe nimmt mehrere Unterrichtsstunden ein
- höchstens 1-2 Lernaufgaben pro Halbjahr
- → am Ende muss eine Note da sein, es muss also auch Leistungsaufgaben geben

## 4. Thinking through Geography (TTG)

Das TTG-Projekt beschreibt die Entwicklung von Lernmethoden auf der Basis konstruktivistischer Lerntheorien. Das heißt, Lernen wird über den Kontext (als Impuls) weg vom rein deduktiven verstanden.

Leitziele des TTG-Projekts (nach Leat 1998):
- Lernmethoden und Aufgaben entwickeln, die Geographie zu einem herausfordernden und spannenden Fach machen
- Schülern helfen, im Geographieunterricht Schlüsselkonzepte des Denkens zu verstehen und anzuwenden
- Die intellektuelle Entwicklung der Schüler unterstützen, damit sie komplexe Informationen besser bewältigen können
- Schüler zum selbstständigen Denken anregen, auch zum „Nachdenken über das eigene Denken" (Metakognition)

Das Grundprinzip aller TTG-Aufgaben lautet: Denken lernen. Damit ist nicht nur das Nachdenken über die Aufgabe gemeint, sondern auch das Nachdenken über den eigenen Lernprozess, die eigene Lernstrategie, also die Metakognition.

TTG-Aufgaben sind nach folgenden Prinzipien konstruiert:

- die Aufgaben sind offen, sie lassen mehrere Lösungen oder Lösungswege zu
- Die Aufgaben werden immer in Gruppen bearbeitet
- Ziel ist ein hohes Maß an Schüleraktivierung
- Lösungswege werden in den Gruppen diskutiert und es findet ein Einigungsprozess statt

- Lernwege und Lernstrategien werden reflektiert

Aufgabentypen sind beispielsweise Mysteries, lebendige Diagramme oder lebendige Karten.

## 3.1. Mysteries

Bei Mysteries müssen die Karten zunächst gleichmäßig in der Gruppe verteilt und in eine sinnvolle Struktur gebracht werden, um die Eingangsfrage beantworten zu können. Das Ergebnis kann/soll dann mit denen der anderen Gruppen verglichen werden.

Beispiel: „Wer ist schuld an Rominas Tod?"

Unter dieser Leitfrage müssen die SuS aus verschiedenen Text-Kärtchen eine Concept-Map zur Fallrekonstruktion erstellen, um diese schließlich beantworten zu können.

## 3.2. Lebendiges Diagramm

Bei einem lebendigen Diagramm müssen Textinformationen dem Verlauf der Diagrammkurve zugeordnet werden. Die SuS diskutieren in Kleingruppen, wie sie die Textinformationen zuordnen wollen. Gibt es Meinungsverschiedenheiten, muss ein Konsens gefunden werden, welche Position am wahrscheinlichsten ist. Allerdings gibt es keine alleingültige Lösung.

## 3.3. Lebendige Karte

Ähnlich ist die Arbeit mit der lebendigen Karte. Unter der Fragestellung „Was ist wo möglich?" werden die Textinformationen Positionen in einer Karte oder verschiedenen Karten (bspw. aus unterschiedlichen Zeitabschnitten) zugeordnet.

Beispiel: Timo

"Rahmenhandlung": Timo

- Timo ist 16 Jahre alt,
- er geht ins Gymnasium,
- er wohnt in Hause  bei seinen Eltern mit seinem Bruder Daniel (18) und seiner Schwester Lara (12)

Folgende Aktivitäten von Timo sollen in eine Karte eingetragen werden:

- In die Schule gehen
- Angeln
- Schwimmen und sich sonnen
- In die Disko gehen

- Mountainbike fahren

- Golf spielen

In dem Kompetenzbereich Räumliche Orientierung wird durch diese Methode die Kartenlesekompetenz, sowie die Kompetenz, räumliche Vorstellung mit Kartendarstellung zu verbinden geschult.

### 3.4. Außenseiter-Methode

Eine weitere Methode ist das Außenseiter-Prinzip: welcher von vier Begriffen/welches Bild passt nicht zu den anderen?

### 3.5. Methode: Planen und Entscheiden

„Die Schüler sollen sich vorstellen, dass sie sich in einer unbekannten Region befinden. Sie nutzen dazu die vorgegebenen Materialien und setzen ihre Vorkenntnisse und ihre Informationskompetenz ein. Aufgrund der dadurch ermittelten Risiken und Chancen der jeweiligen Gegebenheiten vor Ort können sie für sich Handlungsmöglichkeiten ableiten. Die zentrale Frage dieser Lernmethode ist immer: „Was kann dort geschehen?""

<u>Beispiel: „Würdest du dieser Frau 20€ leihen?" - Maria aus El Mirador bewirbt sich um einen Kleinkredit</u>

Die SuS sollen die Lebensbedingungen und Wirtschaftsweise der Maya in El Mirador/Guatemala erläutern die Kreditvergabe über KIVA erklären aus der Perspektive einer Betroffenen mögliche Geschäftsideen als Grundlage eines Darlehensantrags bei KIVA entwickeln und darstellen. Aufgrund dieser gesammelten Informationen können sie dann entscheiden, begründen und diskutieren, ob sie einen solchen Kleinkredit vergeben würden.

Mit dieser Methode werden

- Geographisches Vorstellungsvermögen

- Planungs- und Entscheidungskompetenz

- Informationskompetenz und Argumentationskompetenz gefördert.


## 5. Fazit

Schule, Unterricht, Bildung und Lernen sind keine feststehenden Begriffe, sondern vielmehr das, was jeweils darunter verstanden wird, zeit- und wertgebunden, abhängig von gesellschaftlichen, wirtschaftlichen und politischen Zeitsignaturen.

Die Kompetenzorientierung des Faches Geographie soll seine gleichwertige Stellung im Fächerkanon behaupten und legitimieren. Auf der andren Seite werden die persönlichen Aspekte von Unterricht wie die Lehrererfahrung oder die individuelle Einlassung aufeinander dabei nicht berücksichtigt. Kompetenzorientierung verlangt eine kritische Prüfung, beziehungsweise eine Re-Orientierung von Unterrichtsinhalten und Planungsschritten entlang der wichtigsten didaktischen Grundfrage: Welche Kompetenzen kann man an diesem Inhalt erwerben? Oder andersherum: Welcher Inhalt ist besonders gut geeignet, um diese Kompetenz daran zu erwerben?

Mit der Einführung des Kompetenzbegriffs in die Schule wird ein zusätzlicher Anspruch an den Unterricht formuliert. Eine neue Aufgabenkultur soll dabei helfen, die Kompetenzen und damit ein nachhaltiges Lernen der SuS zu fördern. Aufgaben im Unterricht zu stellen wird immer mehr als eine der anspruchsvollsten Aufgaben für Lehrkräfte und auch für SuS erkannt. SuS sollen mit Aufgaben lernen und Kompetenzen erwerben, sich selber Aufgaben zu stellen. Die neuen Anforderungen an Aufgaben beinhalten ein neues Verständnis der Schülerrolle – als eigenverantwortlicher Lerner – und auch der Lehrerrolle – als Moderator. SuS sollen zu selbstständigen, selbsttätigen und selbstverantwortlichen Partnern im Lernprozess werden, die in der Lage sein sollen, die verschiedenen Lernbereiche zu reflektieren und zu verknüpfen. So lernen sie, ihre vielfältigen Fähigkeiten der Situation angemessen anzuwenden.

# 6. Literatur

Bernhart, Dominik; Gürtler, Leo; Wolf, Dagmar; Wahl, Diethelm (2008): Innovative Lernumgebungen und die Gestaltung von Aufgaben. Aufgabenkultur und Unterrichtsqualität: Viel Lärm um nichts? In: Pädagogik, Heft 3, S. 12-15.

Deutsche Gesellschaft für Geographie (2008): Bildungsstandards im Fach Geographie für den Mittleren Schulabschluss – mit Aufgabenbeispielen.

Eikenbusch, Gerhard (2008): Aufgaben, die Sinn machen. Wege zu einer überlegten Aufgabenpraxis im Unterricht. In: Pädagogik Heft 3, S. 6-10

Kreuzberger, Norma (2011): Neue Aufgabenformen im Erdkundeunterricht. Augsburg

Leisen, Josef (2010): Lernaufgaben als Lernumgebung zur Steuerung von Lernprozessen. In: Lernaufgaben und Lernmaterialien im kompetenzorientierten Unterricht. Hrsg. von Kiper H. u.a. Stuttgart: Kohlhammer, S. 60-67.

Ministerium für Schule und Weiterbildung (Hrsg.) (2007): Kernlehrplan für das Gymnasium – Sekundarstufe I (G 8) in Nordrhein-Westfalen Erdkunde. Ritterbach Verlag.